我有个拥抱，你要不要

一天到晚气fufu 著

“偷”一袋好心情云朵送给你呀。

北方联合出版传媒(集团)股份有限公司
万卷出版有限责任公司

图书在版编目（CIP）数据

我有个拥抱，你要不要 / 一天到晚气 fufu 著. -- 沈阳：万卷出版有限责任公司，2022.10(2024 年 4 月重印)
ISBN 978-7-5470-6002-5

Ⅰ. ①我… Ⅱ. ①一… Ⅲ. ①心理学一通俗读物
Ⅳ. ①B84-49

中国版本图书馆 CIP 数据核字 (2022) 第 080426 号

出 品 人：王维良
出版发行：北方联合出版传媒（集团）股份有限公司
万卷出版有限责任公司
（地址：沈阳市和平区十一纬路29号　邮编：110003）
印 刷 者：北京中科印刷有限公司
经 销 者：全国新华书店
幅面尺寸：145mm × 210mm
字　　数：100千字
印　　张：6.125
出版时间：2022年10月第1版
印刷时间：2024年4月第4次印刷
责任编辑：王　越
责任校对：张　莹
封面设计：DarkSlayer
版面设计：崔　洁
ISBN 978-7-5470-6002-5
定　　价：48.00元
联系电话：024-23284090
传　　真：024-23284448

世界很浮躁，生活很难如愿，但我愿意慢慢来。

想办法让自己开心。

思念易碎，只能在夜深人静的时候轻轻放出来。

外婆说：这辈子能做好一个人就已经很了不起了。

放手。

当我决定，
早睡，
早起，
然后，我睡了一个更
长的回笼觉……

每天叫我起床的……

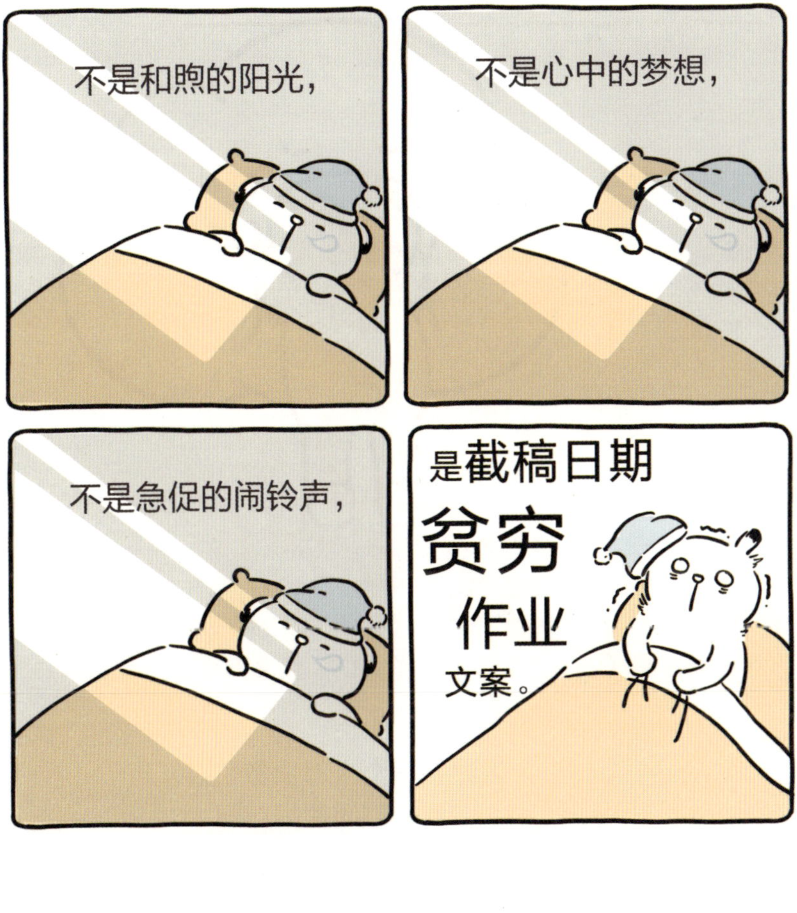

这个世界，每个人都很匆忙。
所以，你要抽时间拥抱自己。

请问抑郁到底是
什么感觉呢？
痛苦。
用1—10分表示，
你的痛苦程度是多少？
π，不是很痛，
但永无止境。

幸好，我还有音乐。

生活很复杂，有时候乖乖做个笨蛋就好。

找到一个可以心安理得
吃垃圾食品的理由——

就是把自己也当成小垃圾。

明天早上赶飞机，别睡过头。
多定几个闹钟：6:30，6:35，6:40，6:45。

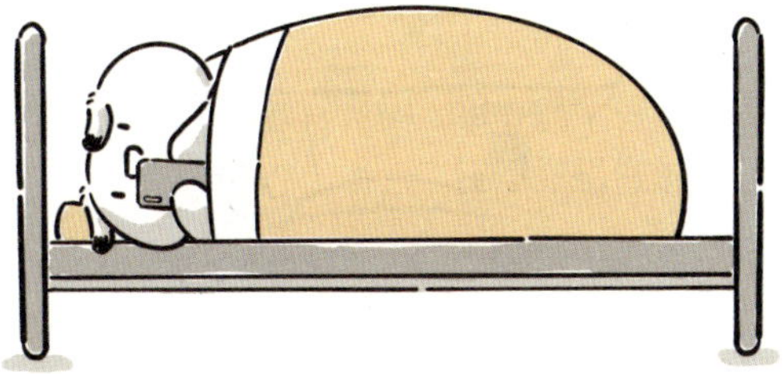

第二天早上，

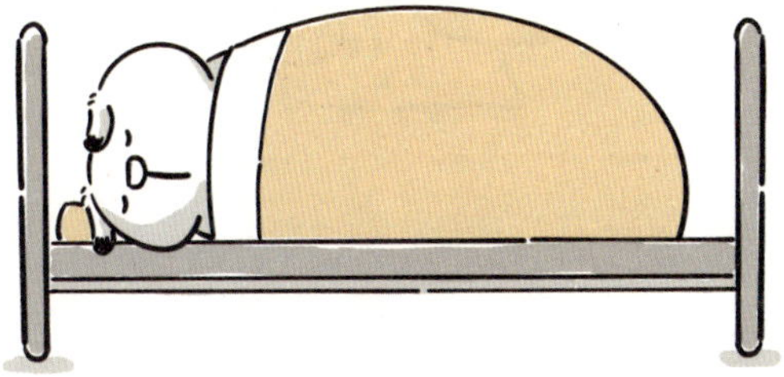

5:00 醒了。

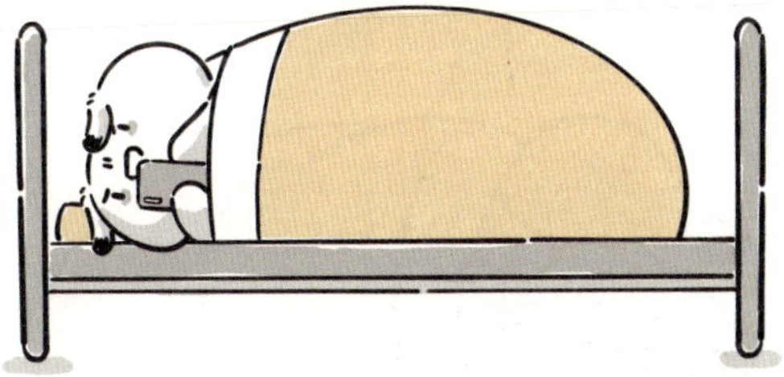

我要这闹钟有何用?

第二天早上

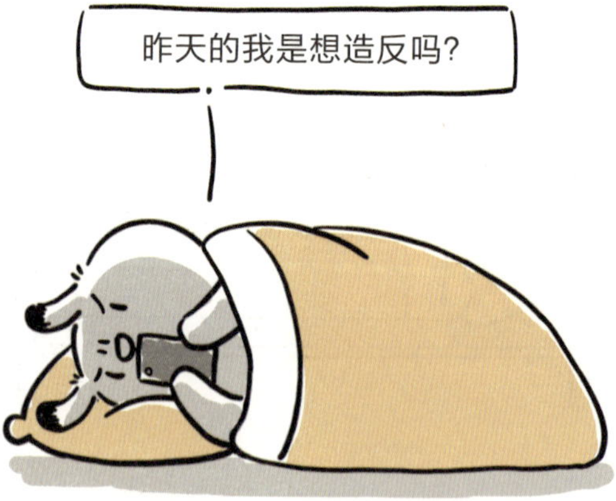

新计划——睡一觉。

如果放屁能赚钱的话，我肯定已经富可敌国了。

为什么我总是看起来无所事事？

昨天那个电影太好看了，
尤其是结局，耐人寻味……
哦？怎么个耐人寻味法？
给我讲讲呗！
嗯……
我还是把那个影评发给你吧。

我们终究要与生活和解。

"加油!!!"
我爱学习!
学习使我快……
快速入睡。

每天都在自信和自卑之间反复横跳。

啊！
天气好的时候呢，
就要多收集一些阳光。
下次心情不好的时候，
就可以拿来用啦。

这样下去不行。
我得走出舒适圈。
救命。

* 漫画需要，请勿模仿。

累了，就放空一下。

倔强抬起头，绝不让双下巴往下流……

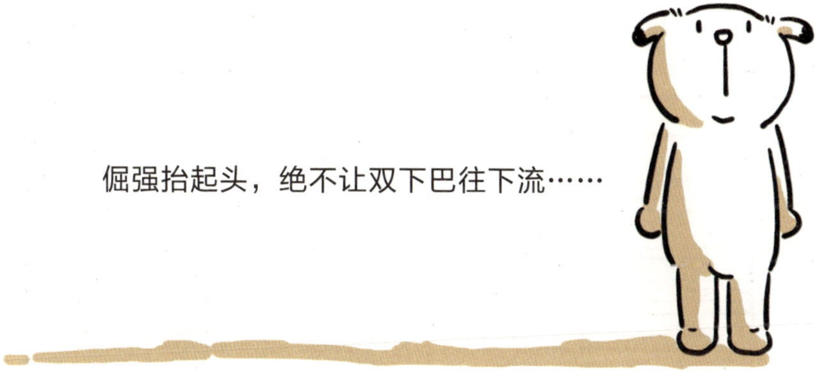

明天没准儿
是个充满惊喜的一天呢。

每当深夜，
我在网上冲浪时……
都有一个冲动……
我要取关所有
美食博主！！！

两个小时后……
100%
拔

当代年轻人每晚睡前的“翻身农奴把歌唱”。

一朵花只有一个夏天，一个夏天却有很多花。

——D.H.劳伦斯

今天在网上看到一句话，
觉得有被治愈到。
“永远不要觉得自己一无是处，
只要你在呼吸，就能帮植物
提供生存所需的二氧化碳。”
作为植物，我觉得这句话
有另外一个解释。
“连呼出的废气都要植物帮忙分解，
你真是一无是处呢……”
别说了，谢谢。

生活偶尔会打败你。
自闭

“因为到了某个年纪，就应该如何如何……”
我偏不，宇宙会爆炸吗？

尝了一口月亮的味道，
被灌入满满的思念。

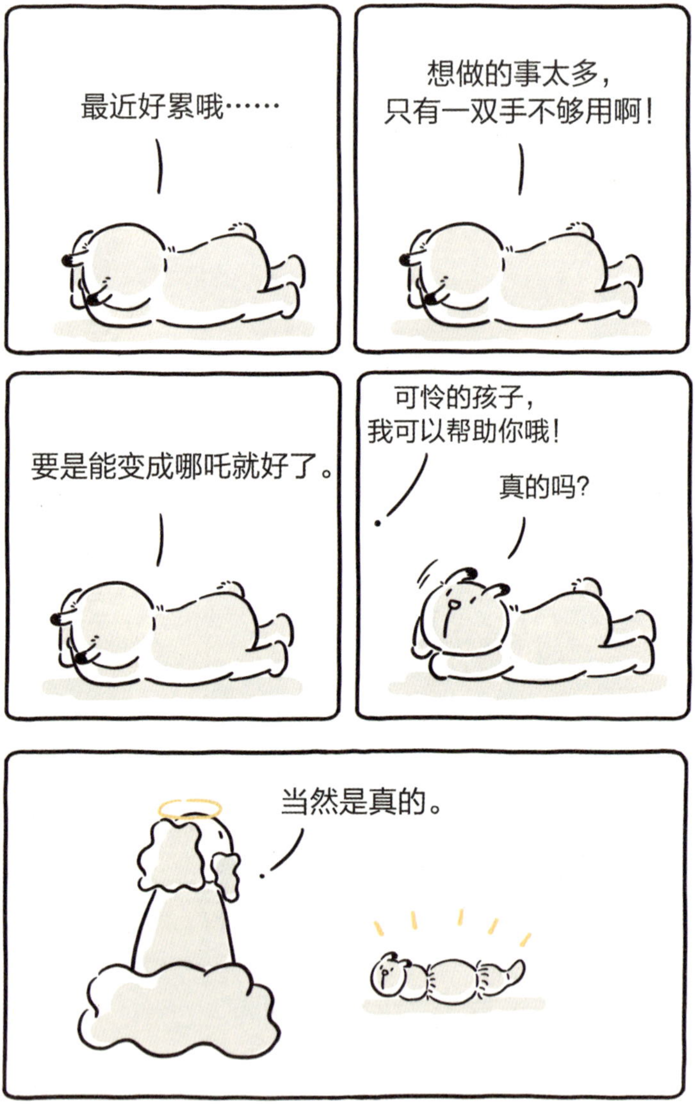
最近好累哦……
想做的事太多，
只有一双手不够用啊！
要是能变成哪吒就好了。
可怜的孩子，
我可以帮助你哦！
真的吗？
当然是真的。

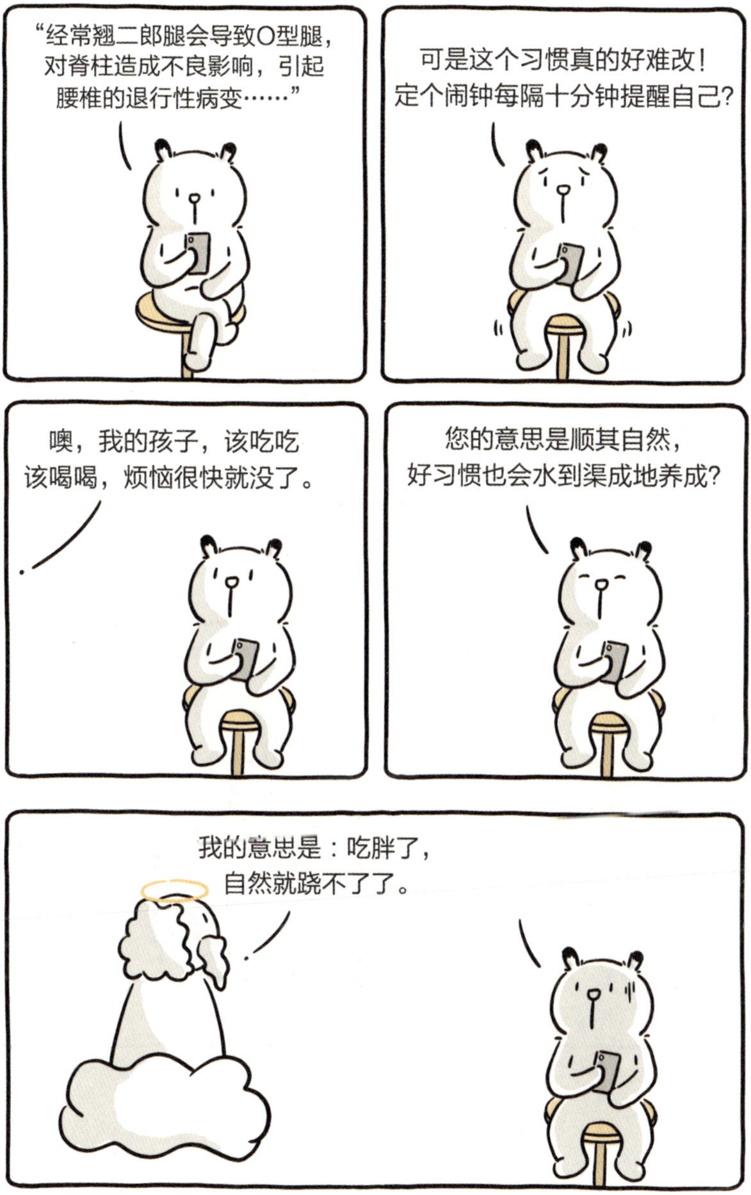
"经常翘二郎腿会导致O型腿，对脊柱造成不良影响，引起腰椎的退行性病变……"
可是这个习惯真的好难改！定个闹钟每隔十分钟提醒自己？
噢，我的孩子，该吃吃该喝喝，烦恼很快就没了。
您的意思是顺其自然，好习惯也会水到渠成地养成？
我的意思是：吃胖了，自然就跷不了了。

感谢那些能随时察觉你情绪变化的人。

这样想就好了。

送你一个 **删除键**

把今天的不愉快通通删除吧！

我的表面状态：

实际上：

我每天都觉得不快乐……
调整好心态，会好的。
这世上可能没人比我更孤单了……
一个人也很幸福，会好的。
每天做着自己不喜欢的工作，
什么时候能结束呢……
坚持下去，会好的。
会好吗？

这是我这个月
第一次喝奶茶，唉……
我都忘了奶茶
是啥味了。
最后连续失眠了一周，
好难受……
唉!我自从工作后就
没睡过一个好觉。
我上个月……
我上个月迟到了三次，
明天要交的方案我到现在
还没有一点头绪……
好吧，我现在天下第一幸福。

比惨是最好的安慰方式?

想要趁月亮妈妈不注意，偷一颗星星抱回家。

自助购物是对社恐最大的温柔。

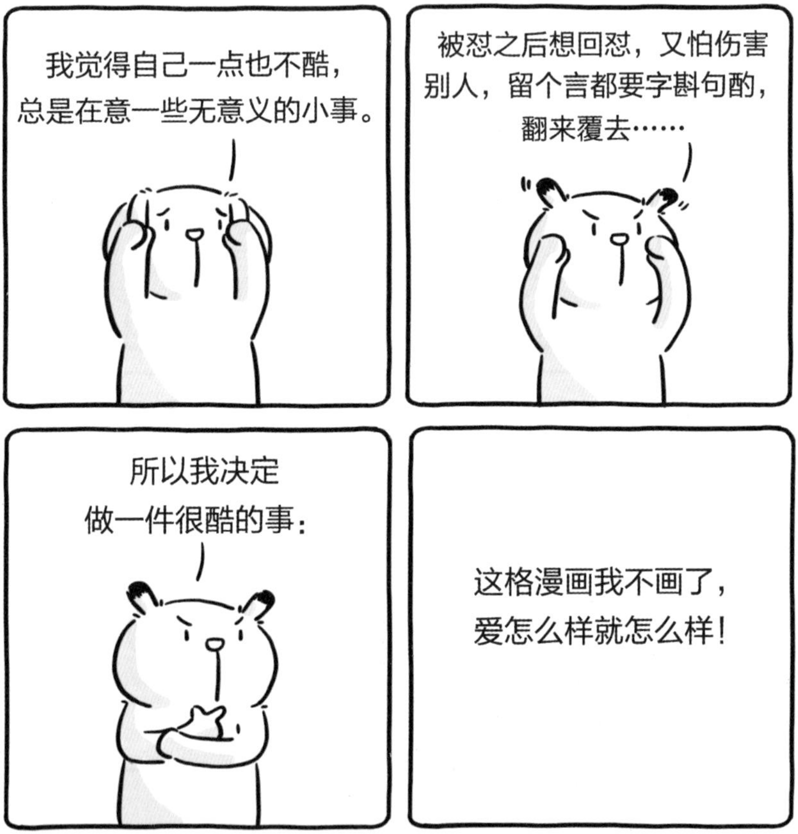
我觉得自己一点也不酷，
总是在意一些无意义的小事。
被怼之后想回怼，又怕伤害别人，留个言都要字斟句酌，翻来覆去……
所以我决定
做一件很酷的事：
这格漫画我不画了，
爱怎么样就怎么样！

有时候就想做条咸鱼，
这么一直发呆。
在这个世界停止就等于后退，
无产出终将会被世界淘汰。
大自然每天都在为这个世界
无穷无尽地付出，
最后只有千疮百孔。
敬这个世界。

进不去，出不来——该死的瓶颈期。

假期就像脚上的袜子，
只不过是在被窝里翻几个身就离我而去了。

分享快乐不一定能得到双倍的快乐。

我和我的手机，一刻也不能分离。

嗯……真的该减肥了……
最后一杯奶茶
明天正式开始减肥！
第二天
喔嚯！这家店搞活动呢！
不订真的亏了……
最后一顿炸鸡，
明天一定开始减肥！
第三天
心情不好，就想吃点甜的……
最后一盒蛋糕，明天
确定一定以及肯定开始减肥！

第N天
请问，你到底啥时候开始减肥？

嗯……我还有最后一顿火锅，
最后一瓶可乐，最后一碗麻辣烫，
最后一顿红烧肉，最后一顿烧烤……
吃完这些马上开始。

生活是碗汤，而我的手里只有叉子。

每一次美妙的发呆，都会因为想起一件糗事戛然而止。

实在是……坚持……不住了。
生活
当然可以。
我……可以……休息一下吗？
放吧。
那我放手了？

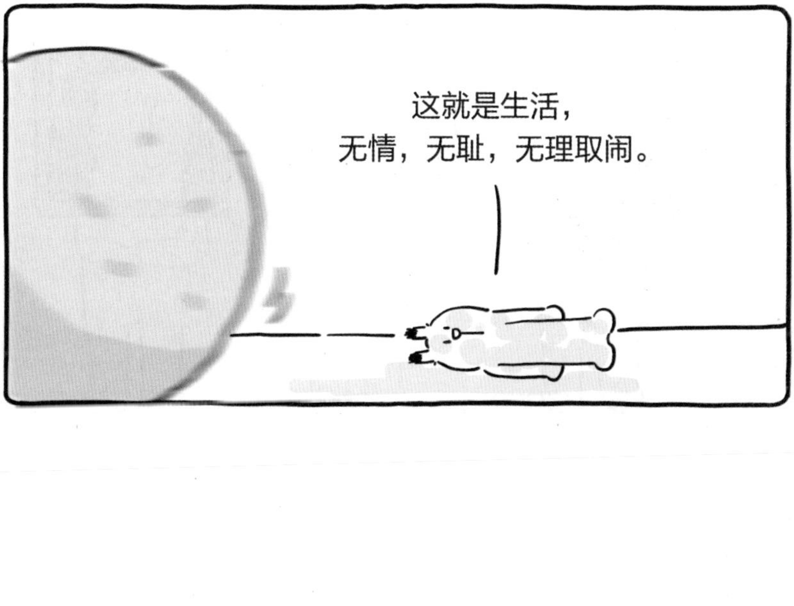
这就是生活，
无情，无耻，无理取闹。

既然每天都要戴着面具，那为什么不选一个最美的?

生活为什么
总是充满曲折坎坷？
我的意思是有什么方式
能让生活每天都开心呢？
你有认真
享受过每一天吗？
我的意思是生活从来如此，
是你的态度赋予它意义。

一个生活小妙招。
在做家务之前打开手机……
播放相声，边听边做，
这样你就能……
开心地把活儿干完？
不，会因为笑得胃疼而
成功把活儿拖到明天。

梦到一个绝佳的漫画点子！
赶紧记下来，免得明天忘了。
第二天：
备忘录：
某年某月某日，夜。
梦见一个绝佳的漫画点子，
赶紧记下来，不要忘了。

想念小时候的月光，和那些在月光下许的愿望。

有时候，舍与不舍就在一折腾之间。

注：浪费可耻，内容需要，请勿模仿。

困意就是一种玄学。

你得允许某些人成年以后也要长身体。

我总是在独自一人时
想起小时候。

落叶是秋风送给人间的明信片。

很多时候我们并不知道自己
是什么样的人，要到哪里去。
但每当我坐在公交车
靠窗子的位子……
然后戴上耳机……
我就是偶像剧里面的苦情女主。

四季来了又走，总有些什么从没离开过。

周末

希望在厌倦漂泊过后，有人愿意等你回家。

又是一个无所事事的周末……
做点什么来弥补一下呢？
有了！
无所事事＋美食＝完美假日。

世间尽是被困的灵魂。

每当夕阳西下，我总是
会莫名其妙地伤感。
为什么我只是一个漫画形象，
没有自我意识
甚至没有绝对的自由……
只能永远困在
一个又一个的格子里。
不过，其实仔细想想……
你又何尝不是呢？

每当我困意来袭，
准备睡觉时……
膀胱：我想尿尿。
胃：我想吃宵夜。
大脑：小学二年级星期三体育课上完
厕所你裙角一直塞在内裤里……

今天睡得好早啊。
是不是得奖励一下自己呢……
就奖励玩两个小时手机好了。

耳机是成年人隔绝外界的唯一帮手。

周末还宅在家里，肯定是
累了吧。要不要我帮帮你？
好呀。
能量满了，你就可以做
任何你想做的事儿了。
HP
所以，你想做的事
就是宅在家里。

人类是很固执的生物，
他们总是坚信一些错误的想法。
比如，他们是世界上
最聪明的物种。
再比如，金钱
可以换来一切，还有……
还有什么？
还有：多吃一口是不会胖的。

花了一天时间读完了一本书，
感觉好像没有达到预期的收获。
我是说我没有像很多书评说的
那样得到了洗礼，或者……
大彻大悟的感觉。
读书一定要有
收获吗?
那写书的人得
多痛苦。

很多时候我并不知道
自己想要做什么。
但当我找到想做的事情时，又在
怀疑这样的坚持是否有意义……
到底是我太矫情，
还是生活太艰难？
……

人生就是这样一个绝望加一个希望的反反复复，都是寻常。

没有坚持，就没有所谓迷失。

天——哪——
我也太可爱了吧！
世界上竟有如此完美
的小兔子！
可怜的孩子，是不是
又有人打击你了？

没什么，夸我可爱就好了。

累了就要休息。

世界上每天有那么多无缘无故消失的事物，
为什么不能是我的肥肉？

路上不知名的野花，
天冷时一杯热热的奶茶，
偶尔发现的暖心漫画，
生活有这么多美好的东西，
你为什么一定要苦着自己？

感觉肚肚又长肉了……
不能再吃了！！！
减肥计划是时候提上日程了。
可是不能随便吃喝的
人生又有啥意义呢？
算了，好心情和好身材
也不能都让我占了。

疲劳乏力
困到窒息
意识迷离
万恶的星期一

你有多久没有抬起头看看星星了。

哇，是流星！
希望我每天都能
有源源不断的灵感……
快跑！那是宇宙终极
不可能实现的任务！！！

吸尘器吸过的地方真的好干净啊，一尘不染。
可是它体内也会永远被垃圾填满。
我是说，请珍惜那些能让你开心的人。
也许他们自己就不开心。

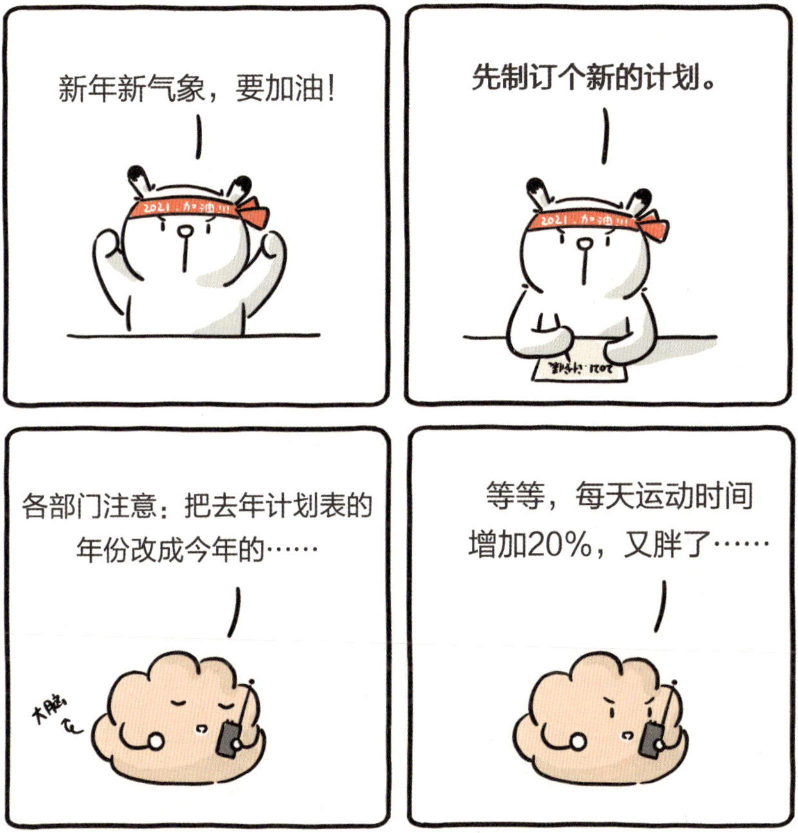
新年新气象，要加油！
2021，加油!!!
先制订个新的计划。
各部门注意：把去年计划表的年份改成今年的……
大脑
等等，每天运动时间增加20%，又胖了……

鱼儿每天都自由自在地游来游去，真快乐！
你又不是鱼，你咋知道我快不快乐？
你是我画的，我说你快乐你就快乐。
这就是当甲方的快乐，舒服！

别担心，我们还有很多以后。

最近漫画受到了
好多读者的喜欢。
难道我真的是个
漫画小天才?
盲目自信过头了……
自信值减减减——

怎么可能，偶然而已。

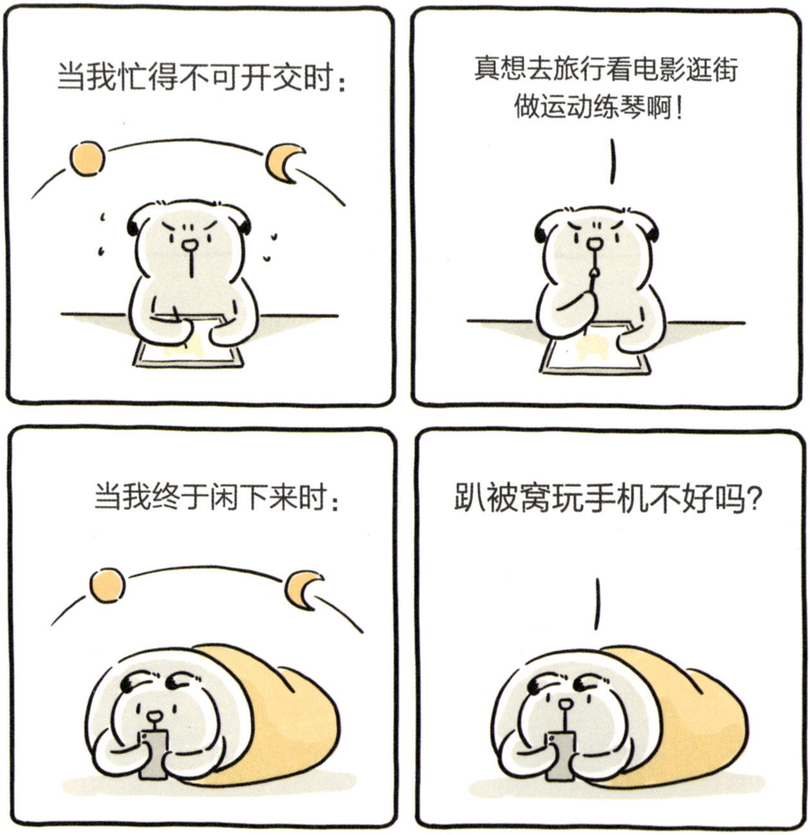
当我忙得不可开交时：
真想去旅行看电影逛街做运动练琴啊！
当我终于闲下来时：
趴被窝玩手机不好吗？

今天的粉丝又没到100万。
不过话说回来……这好像也不是今天明天的事儿。
嗯……是那99.99万的事儿。
你们是不是迷路了？

一蓑烟雨任平生。

——苏轼《定风波》

我总是一个人……
月亮也总是一个……
所以，这世界并不是只有
我一个人孤单。
来来来，
接着奏乐，接着舞！

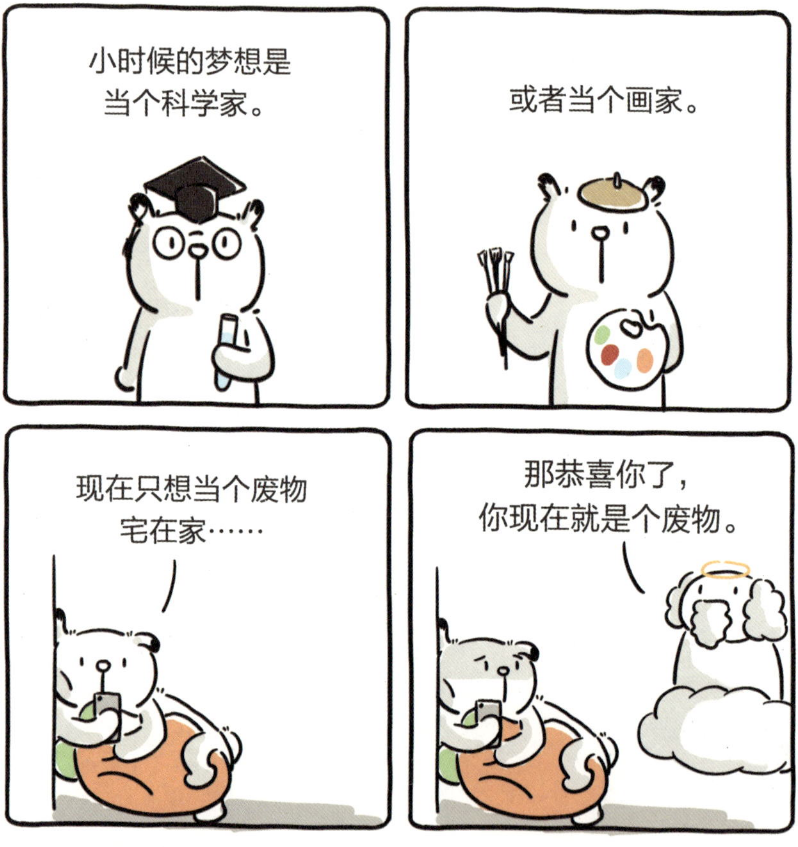
小时候的梦想是
当个科学家。
或者当个画家。
现在只想当个废物
宅在家……
那恭喜你了，
你现在就是个废物。

开玩笑啦，你连废物都不如。
有些废物是可以循环利用的。

人类能在浩瀚无边的宇宙中找到任意一颗行星，
但永远找不到胶带的头儿在哪儿。

* 漫画需要，浪费可耻，请勿模仿。

其实也可以“没事儿”。

“您已偏离路线，请在合适的位置掉头。”

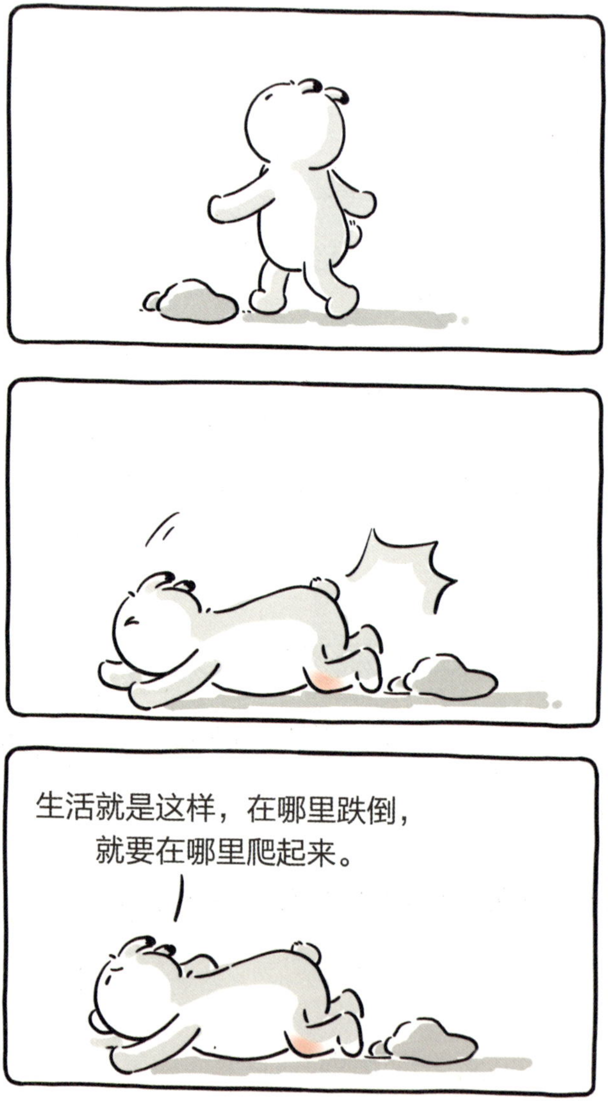
生活就是这样，在哪里跌倒，
就要在哪里爬起来。

这就是生活。

孤独＝拥有全部的自己。

所谓同情，就是如果换作我，这样可不行。

成长就是，有一天你穿上妈妈的高跟鞋，忽然发现正合脚。

遵从自己内心的
选择就好！不必纠结！

每当我想要工作的时候……

就会突然发现书桌好乱。

收拾好书桌后又看见桌角的
盆栽好像缺水了。

浇完水后看见植物水灵灵的样子，
就好想拍下来发个朋友圈。

发完朋友圈就不自觉地刷了几下手机，
原来喜欢的综艺今天更新了。

于是开始看……

直到夜幕降临。

我应该干吗来着？

哦，该订外卖了。

这偌大的世界有时候让人无法理解，
所以我选择偶尔躲在自己的小世界里。

关于运动这件事儿……

冬天

春天终于来了

当我身体正常

当我生了点病

成长总会教我们放弃依赖，学会享受孤独。
尽管这个过程有时并不值得感恩。

据说，今天凌晨会有一场流星雨。
现在已经两点了，大概不会来了。
呼——

没关系，这个充满期待的过程
已经足够令人开心。

这世界纷纷扰扰，浮华万千，
总是让人迷茫……
不确定以前的努力是否值得……
不确定未来等待着的又是什么……

但有一件事我无比确信：

床，是世界上最舒服的地方。

我一直觉得自己是个合群的人。

别人吃火锅，喝奶茶；
我也吃火锅，喝奶茶。

别人宅在家里追剧，吃薯片；
我也宅在家里追剧，吃薯片。

可为啥别人还是那么瘦，
我却长了一身肉！

上天为什么要这样对待我这个
合群的小可爱……

平静海面上孤独旋转的灯塔，它在凝视这个世界。

该怎么对这个世界保持耐心呢?

不断地给你希望。

好想就这样长生不老。

当我想读书时的环境要求：

当我想要玩手机时——

没有任何要求。

当代年轻人每日灵魂三问：

早起：到底啥时候能退休？

中午：午饭吃点啥？

睡前：要不要去尿个尿？

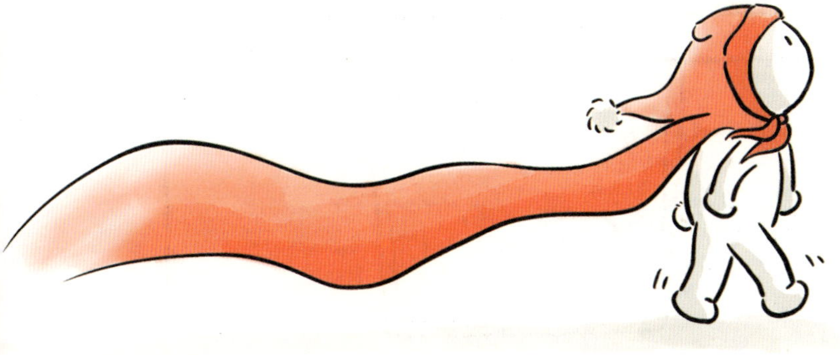

每个人生来都各不相同，
我们不必全部理解，
只要相互尊重就好。

这段时间的感觉，就像拎着
两大袋东西从超市走回家的路上。
双手被勒得生疼，但又不能放下。
暗自责怪自己，为啥不自量力地买了这么多呢？

所以，请加油吧。

新买的洗面奶好多泡沫呀，
每次洗脸就像在揉一朵软乎乎的云。

一会儿就好，让我一个人。

我已经没有多余的精力去跟谁
倾诉我的不开心。
可回收垃圾
需要纵情享受孤独，
但也偶尔需要被关心。
可回收垃圾
好想事事完美，
但是无法战胜拖延和懒惰。
可回收垃圾
无数次跟自己说顺其自然吧，
但又觉得好像还不到时候。
可回收垃圾

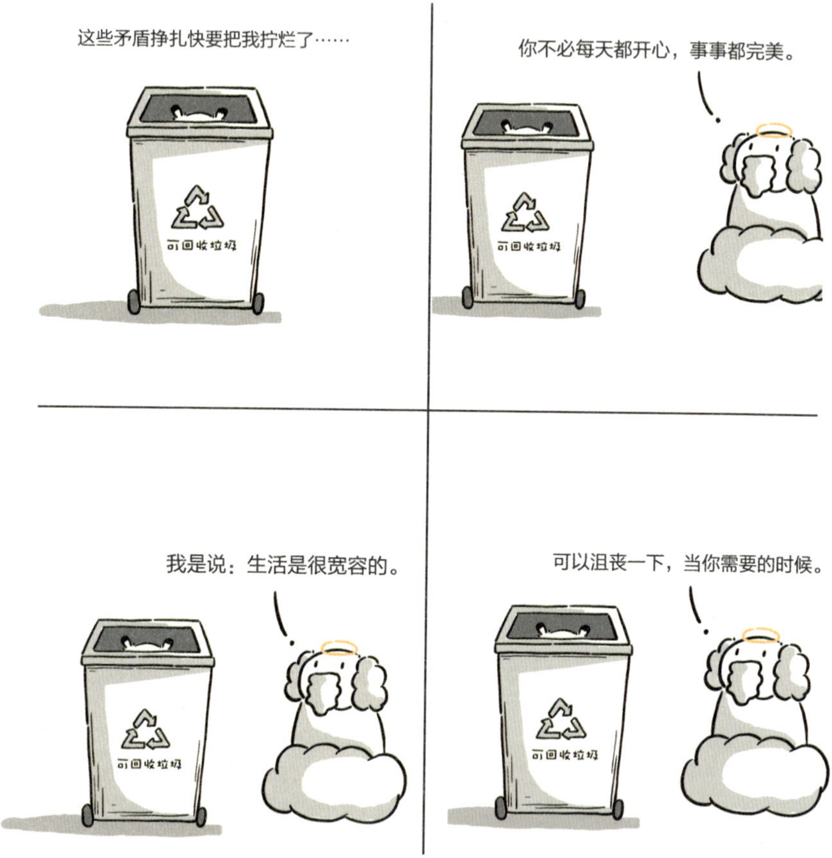
这些矛盾挣扎快要把我拧烂了……
可回收垃圾
你不必每天都开心，事事都完美。
可回收垃圾
我是说：生活是很宽容的。
可回收垃圾
可以沮丧一下，当你需要的时候。
可回收垃圾

我还需要再沮丧五分钟，你可以走开吗?
可回收垃圾

很多人就像玻璃一样，透明存在着，
只有在破裂的时候才会变得清晰可见。

连续工作几天。
好累，我要休息一下。
那你打算休息到啥时候？
大概是下辈子。

哒哒！恭喜自己又度过了开心的一天。
可是今天好像也没什么值得开心的……
那就庆祝自己度过了虽然没什么开心事，但也没烦恼的一天！
这么一说其实今天也蛮糟糕的……

那就庆祝自己马上就要度过这糟糕的一天，准备迎接新的一天！
新的一天……就会变好吗？
当然！
包括我的悲观主义？

只要知道心往何处，世界就是平静的。

总是会在后台收到一些小伙伴对关于未来的烦恼和担忧。
问我该如何解决。
可以预支薪水，但别预支烦恼。
认真对待当下这一秒就好。
等烦恼来了再烦恼。
你说好不好?

为什么孤独这么强大，
总能于无形中侵蚀着人的内心呢？
但人类的适应能力更强大，
不是吗？

生命中的每一天都值得用力开心，
不要未曾绽放，就已适应凋零。

fufu，这个周末你打算怎么过?
我打算没有打算地过。
什么都打算太累了。
周末就是要肆意地
“浪费”可支配的时间。

“浪费”万岁。

噢，掉了一根睫毛。

赶快许愿——
希望我的人生能逆转。

你这个愿望太简单了，
我能立刻帮你实现。
真的?
那快来吧!
已经完事了，
逆转了360度。

我在漫天星光里看见了自己的倒影，那是童年的模样。

小事而已，不至于吧！
开个玩笑而已，别当真！
一张图而已，那么小气干吗！
“而已”。

好想吃炸鸡啊！
忘了早上称的体重啦？
要健康饮食，拒绝油炸食品！
人生苦短，当然是快乐最重要！
想吃什么就吃什么！
没有健康，
怎么享受快乐！
不快乐，
咋会健康呢？

我不管，健康
最重要，不许吃！！！
就要吃！！
废物。

结束了一天的疲惫。
舒服地躺在床上，
窗外下着淅淅沥沥的小雨。
身旁的猫睡得正香。
这样的日子，
我可以再过一百年。

停止再做伤害自己的事，
爱别人之前请先爱自己。

每天36℃、37℃，热死我算了……

请立刻停止你的无理请求。

因为你很凉啊，不会热死。
为啥？

胡说，
我明明快被热死啦。

昨天你的漫画
各个平台的数据是……
闭嘴，谢谢。

忽然时间停在了哪一秒。
忽然发出一声苦笑。
月光也会晒干眼泪吧！

月亮的情绪偶尔也会……
变得狼狈吧。

别怕，我还可以再陪你一会儿哦。

如果光忘了要将前路照亮，你会握着我的手吗？

——《无问》（歌词）

书上说要乐观，生活不会一直坏下去。
今天不好，还有明天。
明天不好，还有后天。
后天不好，还……

后天不好，还有下辈子。

每当我坐在马桶上灵感就会喷涌而出，
可能是因为排泄掉了昨天无聊的烦恼。

三点了，你怎么还不回去饮茶?
四点了，你怎么还不回去饮茶?
五点了，你怎么还不回去饮茶?
我要完成我的绩效指标啊。
你的绩效指标是啥?
我的绩效指标就是要让你热到完不成你的绩效指标。

我认为最好吃的生日蛋糕，

就是在非生日的时候吃的蛋糕。

因为它不会提醒我又老了一岁，
只要安心享用就好。

但它和生日蛋糕一样能让你长肉。

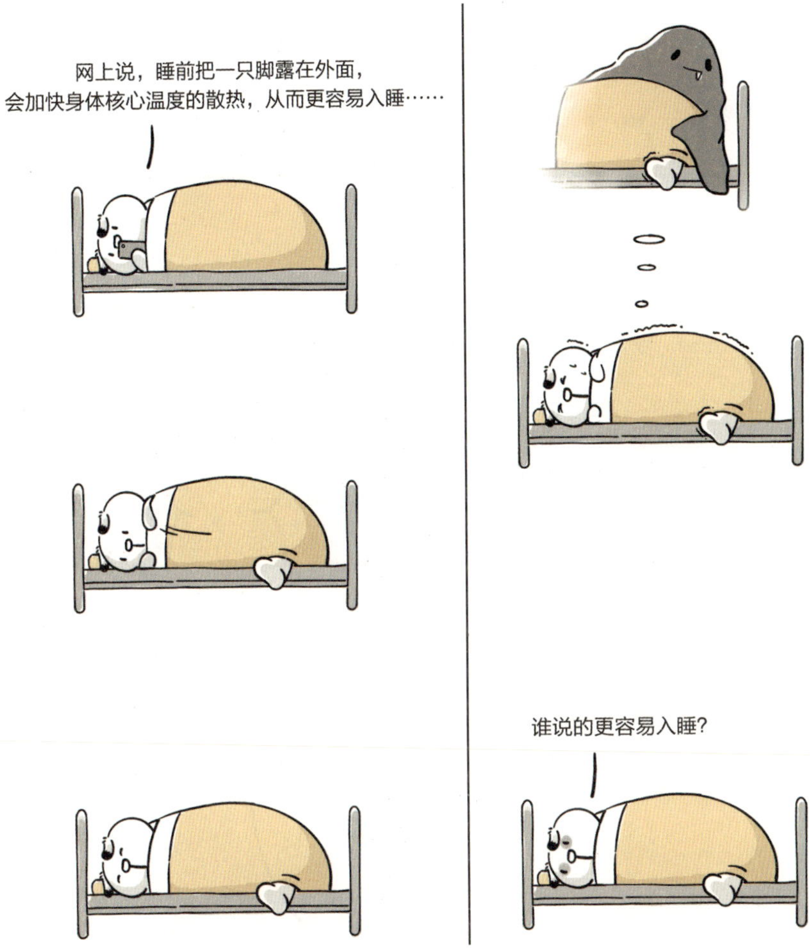
网上说，睡前把一只脚露在外面，
会加快身体核心温度的散热，从而更容易入睡……
谁说的更容易入睡？

我知道，

我在偷偷变强，

即使那好像，

是一个错误的方向。

但它不影响，我是一坨合格的脂肪。

未来的自己啊，请你抽空穿越回来告诉我：
到底还要坚持多久?

每当周末夜晚……

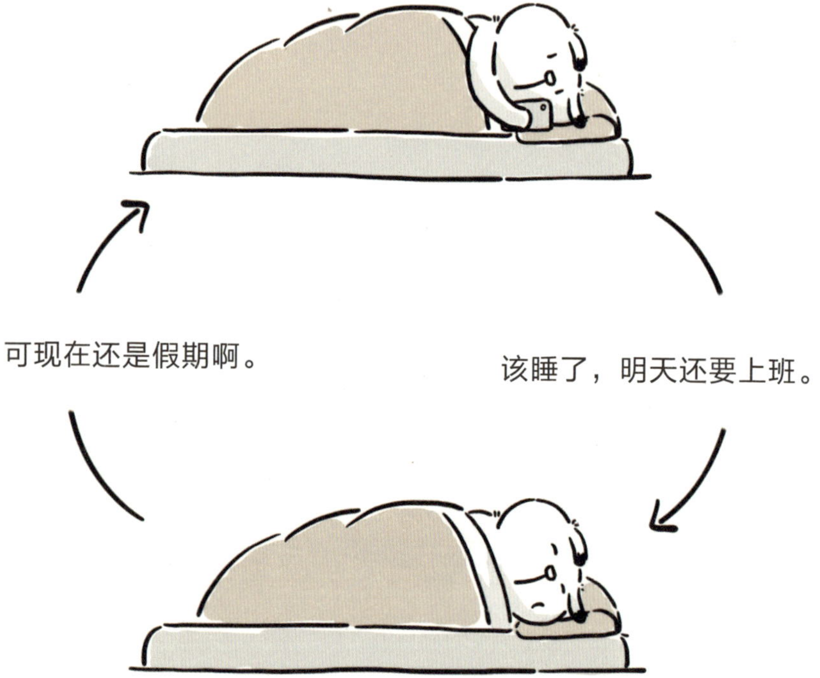

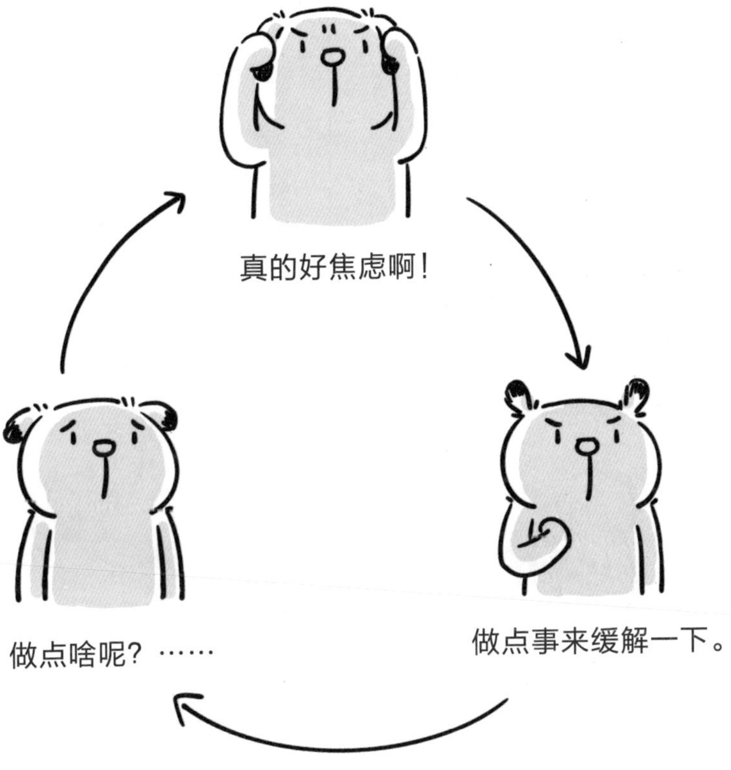
真的好焦虑啊！
做点事来缓解一下。
做点啥呢？……

哇，看看我发现了什么？
一个神灯！
恭喜你发现了我，
现在你可以许愿啦！
我想要一百万粉丝！
没问题。
打开购物软件……输入粉丝……
数量1000000，下单……

如果住在天上，是不是每个人都可以拥有一片云朵？

前两天好像有点打不起精神……
所以这个周末快乐一些。
舒服……
闭嘴！不许打扰她。
周一

别吃了。
你的时间到了，准备受死。
瘦死?
太好了！
我一直担心自己会因为胖而死。

走吧。
咦……好无聊的想法。
话说，我本来就是个无聊的人。
而且今天也是无聊的一天。

祝你快乐，不快乐也可以。

fufu在窗边待了一下午，
在想什么？
观察天上的云朵，
学习大自然的鬼斧神工？
没准在想今天的漫画？
可恶，吃了太多辣！
牙疼了一下午！

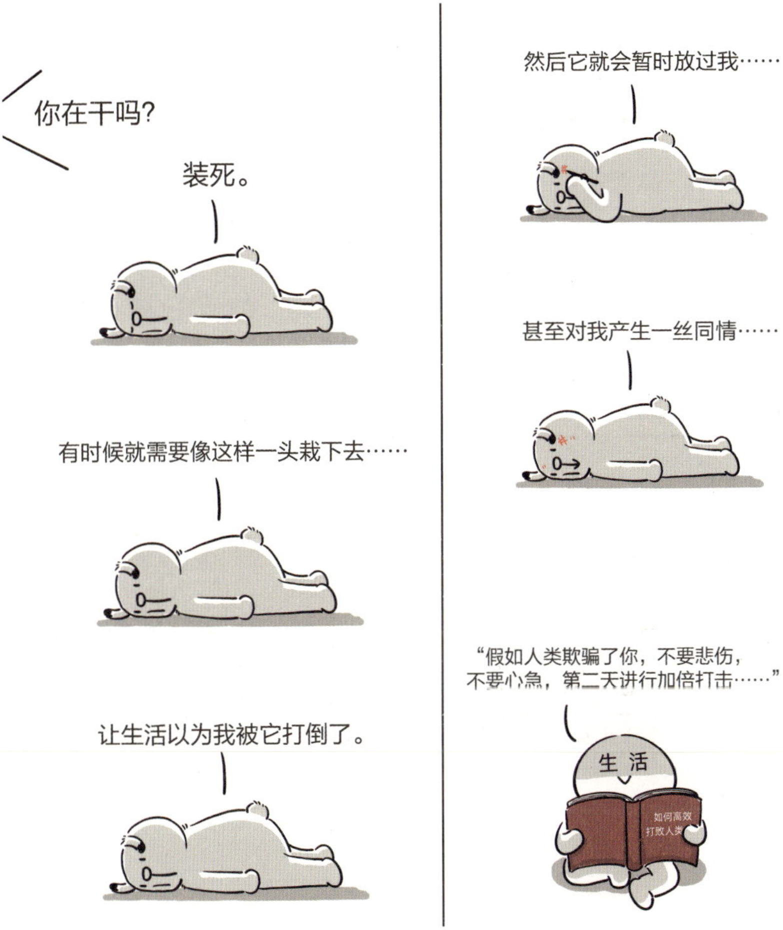
你在干吗?
装死。
有时候就需要像这样一头栽下去……
让生活以为我被它打倒了。
然后它就会暂时放过我……
甚至对我产生一丝同情……
“假如人类欺骗了你，不要悲伤，
不要心急，第二天进行加倍打击……”
生活
如何高效
打败人类

你知道，其实你蛮可爱的吗?
不知道的话，我已经
悄悄告诉你了。
与其让一颗心
七上八下地胡思乱想……
不如一头扎进自己的热爱里。

做自己比做“标签”更重要。

你闻到了吗?
空气中一股亲切的味道
正在慢慢消散……
是假期的味道。
还有一股味道正在缓缓逼近……

我们回来啦！
作业
早高峰
截稿日期
交稿
加班
早起
考试
方案

大多数时候我的情绪很稳定。
我的情绪
比如等了二十分钟公交车才来。
我的情绪
比如早上起床发现垃圾桶
被猫翻得底儿朝天。
我的情绪
比如今天的漫画没几个人
点赞，阅读量少得可怜。
我的情绪

兴致勃勃地发了
一大段文字消息……
我的情绪

对方回复“哦”。
我的情绪
哦。
我的情绪
哦!!!
我的情绪

小时候

现在

最后，有一个很重要的事情要告诉你。

就是……你真的很棒，很好。

还有……

晚安，明天见。

明天又是新的一天。